BEI GRIN MACHT SICH IHR WISSEN BEZAHLT

- Wir veröffentlichen Ihre Hausarbeit, Bachelor- und Masterarbeit
- Ihr eigenes eBook und Buch - weltweit in allen wichtigen Shops
- Verdienen Sie an jedem Verkauf

Jetzt bei www.GRIN.com hochladen und kostenlos publizieren

Bibliografische Information der Deutschen Nationalbibliothek:

Die Deutsche Bibliothek verzeichnet diese Publikation in der Deutschen Nationalbibliografie; detaillierte bibliografische Daten sind im Internet über http://dnb.d-nb.de/ abrufbar.

Dieses Werk sowie alle darin enthaltenen einzelnen Beiträge und Abbildungen sind urheberrechtlich geschützt. Jede Verwertung, die nicht ausdrücklich vom Urheberrechtsschutz zugelassen ist, bedarf der vorherigen Zustimmung des Verlages. Das gilt insbesondere für Vervielfältigungen, Bearbeitungen, Übersetzungen, Mikroverfilmungen, Auswertungen durch Datenbanken und für die Einspeicherung und Verarbeitung in elektronische Systeme. Alle Rechte, auch die des auszugsweisen Nachdrucks, der fotomechanischen Wiedergabe (einschließlich Mikrokopie) sowie der Auswertung durch Datenbanken oder ähnliche Einrichtungen, vorbehalten.

Impressum:

Copyright © 2017 GRIN Verlag
Druck und Bindung: Books on Demand GmbH, Norderstedt Germany
ISBN: 9783668664418

Dieses Buch bei GRIN:

https://www.grin.com/document/416720

Thomas Linke

Weitere tägliche Mathe-Übungen für Klassenstufe 5 (Oberschule)

GRIN Verlag

GRIN - Your knowledge has value

Der GRIN Verlag publiziert seit 1998 wissenschaftliche Arbeiten von Studenten, Hochschullehrern und anderen Akademikern als eBook und gedrucktes Buch. Die Verlagswebsite www.grin.com ist die ideale Plattform zur Veröffentlichung von Hausarbeiten, Abschlussarbeiten, wissenschaftlichen Aufsätzen, Dissertationen und Fachbüchern.

Besuchen Sie uns im Internet:

http://www.grin.com/

http://www.facebook.com/grincom

http://www.twitter.com/grin_com

Tägliche Übung Nr. 1

1. 87 + 12 =   2. 7 • 8 =
3. 100 : 5 =   4. 121 – 32 =
5. Wie viele Flächen, Ecken und Kanten hat ein Würfel?
   F: E: K:
6. a) 65 cm =   dm   b) 34000 g =   kg
7. Bestimme das Produkt von 4 und 15.
8. 4 h + 23 min + 120 s =
9. Male im abgebildeten Würfelnetz zwei gegenüberliegende Flächen farbig aus.

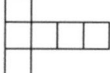

10. Ordne der Größe nach.
    3 km,   3005 m,   30000 mm

11. Familie Baum möchte um ihr Grundstück einen Zaun bauen. Wie viel Meter Gartenzaun benötigt sie dazu?

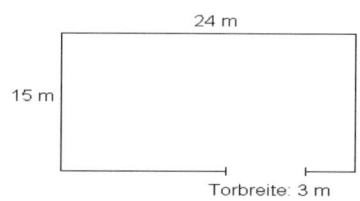

12. Zeichne zwei Geraden, die senkrecht zueinanderstehen.

13. 47 Bonbons werden gleichmäßig auf sieben Kinder verteilt. Wie viele bleiben übrig?

14. Wie viel Zeit vergeht von 7:10 Uhr bis 8:05 Uhr?

15. Setze die Reihe um zwei weitere Zahlen fort!
    a) 15, 30, 45, 60, 75, …
    b) 1; 1; 2; 6; 24; …

16. Rechne schriftlich:
    a) 3463273 + 22728 =   b) 373003 – 273930 =
    c) 239842 • 8 =   d) 218850 • 6 =

Tägliche Übung Nr. 2

1. 4 • 8 + 11 =
2. 2 • (23 – 17) • 4 =
3. 19 • 28 • 0 • 17 =
4. 60 : 5 + 4 =
5. 250 g + 1,5 kg =
6. 10 km – 400 m =

7. Bestimme das Produkt aus 13 und 4

8. Trage folgende Zahlen in eine selbst erstellte Stellenwerttafel ein.
   a) 5493 b) 30031 c) 383024 Zusatz: 1384028

9. Bestimme x.   5 · x + 2 = 47

10. Gib für die folgenden Aussagen an, ob sie wahr oder falsch sind.
    a) Jedes Rechteck hat 4 gleichlange Seiten.
    b) Jedes Quadrat ist auch ein Rechteck.

11. Für welche Zahlen stehen A, B und C?

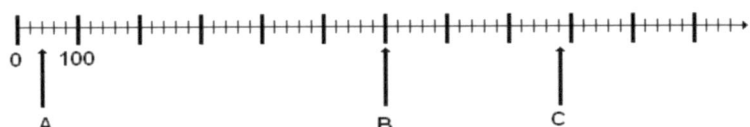

12. Lena hat beim Schulfasching das Eintrittsgeld kassiert, nun hat sie neun 10-Euro-Scheine, neun 1-Euro-Münzen und zehn 10-Euro-Cent-Münzen. Wie viel ist das?

    (A) 100 €   (B) 99,10 €   (C) 991 €   (D) 90,10 €   (E) 9901 €

13. a) 05:34 Uhr ➔ 30 Minuten später ➔ .... Uhr
    b) 22:22 Uhr ➔ 40 Minuten früher ➔ .... Uhr

14. Rechne um!
    a) 27 cm =   mm   b) 3,5 kg =   g
    c) 0,5 m =   cm   d) 500 ml =   Liter

15. Rechne schriftlich!
    a) 47290 + 58723 =   b) 47989 - 43656 =

Tägliche Übung Nr. 3

1. 7 • 4 + 35 =
2. 2 • 3 • 4 =
3. (33 – 28) • 3 =
4. 6,2 : 10 =
5. $\frac{1}{2}$ kg + 500g + 1,5 kg =
6. 5 km – 1500 m =
7. Bestimme die Differenz aus 32 und 8.
8. Trage folgende Zahlen in eine selbst erstellte Stellenwerttafel ein.
   a) 7007   b) 67067   c) 950095
9. Bestimme x.   2 • x + 8 = 22
10. Finde zwei zusammengehörende Paare.

11. Ordne die Zahlen. Beginne mit der Kleinsten.
    333 030   422 310   323 040   423 130
12. Wie viele Meter sind das Sechsfache von 50 Zentimeter?
13. Welche Größenangaben könnten stimmen? Entscheide mit wahr oder falsch.
    a) Die Zimmertür ist 2000 mm hoch.
    b) Ein Neugeborenes wiegt 30,6 kg.
14. Rechne um!
    a) 27,5 cm =   mm   b) 3,5 kg =   g
    c) 0,5 m =   cm   d) $\frac{1}{4}$ Liter =   ml
15. Rechne schriftlich!
    a) 42950 + 89583 =   b) 92849 - 35564 =
16. In der Additionsaufgabe stehen die drei Sterne für dieselbe Ziffer. Für welche?

    (A) 0   (B) 3   (C) 5   (D) 6   (E) 9

```
  1 ☆ 2
+ 1 ☆ 3
+ 1 ☆ 4
-------
  3 0 9
```

Tägliche Übung Nr. 4

1. 7 • 4 − 13 =
2. 2 • 6 • 3 =
3. (12 + 5) • 7 =
4. 25 cm =   dm
5. 2 Liter + 500ml + $\frac{1}{2}$ Liter =
6. 7 t − 400 kg =
7. Bestimme die Differenz von 27 und 12.
8. Nenne die Fachbegriffe der Addition!

   _____ + _____ = _____

9. Bestimme x.   15 : x − 4 = 1
10. Setze das richtige Zeichen. (<, = oder >)
    a)   22 022   20 222
    b)   1 • 2 + 3   3 • 1 + 2
11. A) Runde auf Hunderter   12345
    B) Runde auf Tausender   56789
12. Max und Moritz haben 20 Euro und sollen diese so unter sich aufteilen, dass Max einen Euro mehr bekommt als Moritz.

    Wie viel Geld bekommt Max?

13. a) 14:20 Uhr ➔ 45 Minuten später ➔ ……………. Uhr
    b) 13:20 Uhr ➔ 28 Minuten früher ➔ ……………. Uhr

14. Rechne schriftlich!
    a) 7574 + 6775 =   b) 64575 − 34364 =   c) 764 • 4 =

15. Ein Fußballspiel beginnt 15:45 Uhr. Es dauert 90 Minuten und hat eine Halbzeitpause von 15 Minuten. Wann ist das Spiel zu Ende?

Zusatz:

In Siris Halsband sind glänzende schwarze und schimmernde weiße Perlen:

Siri möchte 5 schwarze Perlen davon für ein Armband nehmen. Sie nimmt nacheinander Perlen von ihrem Halsband, jede einzelne entweder vom linken oder vom rechten Ende. Dabei will sie möglichst wenige weiße Perlen aus der Kette nehmen. Wie viele weiße Perlen muss sie mindestens aus der Kette nehmen?

(A) 2   (B) 3   (C) 5   (D) 6   (E) 7

Tägliche Übung Nr. 5

1. 8 • 5 – 22 =
2. 1 • 2 • 3 • 4 =
3. (27 : 3) • 3 =
4. 1700 g =   kg
5. Aus wie vielen Würfeln besteht dieses Bauwerk?

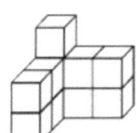

7. Bestimme das Produkt von 12 und 4.
8. Nenne die Fachbegriffe der Subtraktion!

   _____ – _____ = _____

9. Bestimme x.   33 : x – 11 = 0
10. Setze das richtige Zeichen. (<, = oder >)
    a)   5234   5243   b)   17 • 2   3 • 12

11. A) Runde auf Zehner   3466
    B) Runde auf Zehntausender   575743

12. Stell dir vor, du würfelst mit einem Spielwürfel dreimal und addierst die Augenzahlen aller 3 Würfe.

    Die kleinstmögliche Summe ist: …..

    Die größtmögliche Summe ist: …..

13. a) 11:11 Uhr   ➔ 65 Minuten später ➔ …………….. Uhr
    b) 11:11Uhr   ➔ 45 Minuten früher ➔ …………….. Uhr

14. Ordne die Begriffe Differenz, Summe, Produkt und Quotient richtig zu.

    (A) a • b   (B) a + b   (C) a – b   (D) a : b

14. Rechne schriftlich!
    a) 7577 + 3556 =   b) 3546 – 3134 =
    c) 245 • 3 =   d) 35721 : 3 =

Zusatz:

In weiter Ferne ist die Silhouette eines Schlosses zu sehen. Welches der abgebildeten Stückchen einer Silhouette gehört nicht zum Schloss ?

(A)   (B)   (C)    (D)   (E)

Tägliche Übung Nr. 6

1. $25 - (9 + 6) =$
2. $5 \cdot (10 - 4) =$
3. $8,4 \text{ km} + 900 \text{ m} =$
4. ____ ct + 45 ct = 1 €
5. Ergänze die Einheiten.

   a) In die Regentonne passen 200 ___ .

   b) Eine Unterrichtsstunde dauert 45 ___ .

   c) Die Masse eines Spitzmaulnashorns beträgt 1,5 __ .

7. Bestimme den Quotienten aus 33 und 3.
8. Finde alle Teiler!

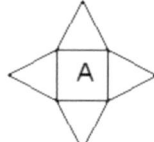 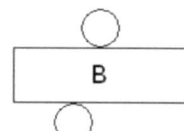 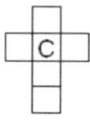

9. Zu welchen geometrischen Körpern gehören diese Netze?

10. Setze die Reihe um zwei weitere Zahlen fort!

    a) 4; 31; 58; 85; …

    b) 5; 10; 30, …

11. Zeichne auf Gitterpapier einen doppelt so großen Pfeil wie im Bild.

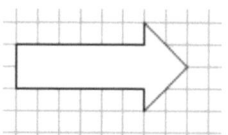

15. Rechne schriftlich!

    a) $63723 \cdot 3 =$ c) $37284 \cdot 23 =$

    b) $47232 : 3 =$ d) $8727444 : 4 =$

16. $4671 : 9 = 519$ Wahr oder falsch?

17. Ein Zug fährt 11:19 Uhr vom Leipziger Hbf. ab und kommt 13:52 in Berlin an. Wie lange fährt der Zug?

Tägliche Übung Nr. 7

1. 33 – 12 • 2 =
2. 5 • 7 + 3 • 11 =
3. 1,5 t + 1500kg + 0,5t =
4. 11 • (3 – 3) =
5. Bestimme die Differenz aus 120 und 70.
6. Bestimme das Produkt von 12 und 4.
7. Finde alle Teiler!

	9	
	9	

	34	
2		

	40	
	4	

8. Bestimme den 3. Teil von 120.
9. Überschlage den Restbetrag: 20 € - 3,85 € - 4,05 € - 85 ct
10. Michael denkt sich eine Zahl. Wenn er von dieser Zahl 750 subtrahiert, erhält er 306. Welche Zahl hat er sich gedacht?
11. Wie oft schlägt das Herz eines 2-jährigen Kindes etwa pro Stunde?

Der Puls schlägt pro Minute	
Nach der Geburt rund	140 mal
Beim Einjährigen rund	125 mal
Beim Zweijährigen rund	120 mal
Beim Zehnjährigen rund	90 mal
Beim Erwachsenen rund	72 mal
Im Alter rund	80 mal

12. Rechne schriftlich!
    a) 3456 + 3535 – 235 =   b) 36784 : 4 =
    c) 38394 • 23 =   d) 723464 – 317832 =

13. Setze das passende Zeichen ein (| oder ∤).

    7   49   2   6879
    3   234   4   444
    5   54920   9   511

Zusatz:
Welche dieser Abbildungen ist ein Würfelnetz?

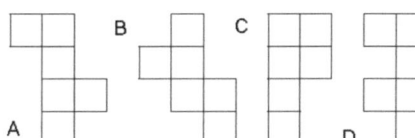

Tägliche Übung Nr. 8

1. $70 - 7 \cdot 8 =$
2. $2 \cdot 9 + 7 \cdot 4 =$
3. $500 : x = 125$
4. $3000 : 5 =$
5. Bestimme die Hälfte von 150€
6. Bestimme das Dreifache von 12kg
7. Finde alle Teiler!

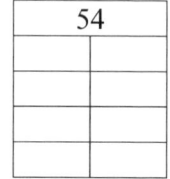

8. Ich denke mir eine Zahl. Vervierfache diese, subtrahiere 12 und erhalte 20. Welche Zahl habe ich mir gedacht?
9. Runde 578457 auf   a) Zehner   b) Hunderter   c) Zehntausender
10. Zeichne zwei zueinander parallele Geraden.
11. Ergänze folgende Additionspyramide.

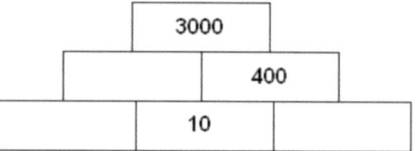

12. Rechne schriftlich!
    a) $5782 - 1634 + 356 =$
    b) $35677 \cdot 7 =$

13. Setze das passende Zeichen ein (| oder ∤).

    a) 5   45
    b) 2   8340
    c) 9   5112
    d) 6   489
    e) 8   96
    f) 3   6363
    g) 4   6362
    h) 9   934972
    i) 3   82499

14. Du spielst mit Freunden mit einem Spielwürfel. Die Spielregeln gelten für einen Wurf.
    Welche Regel würdest du wählen, wenn möglichst viele Punkte erreicht werden sollen?

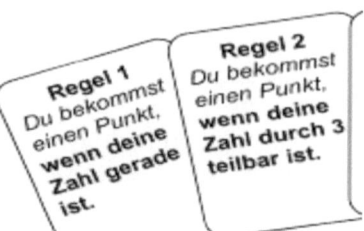

Tägliche Übung Nr. 9

1. 3 • 12 − 11 =
2. (15 : 5) + (12 : 4) =
3. 20mm + 25 cm + 0,5m =
4. 2,2 Liter =   ml
5. Welches Viereck hat genau vier gleichlange Seiten?
7. Bestimme die Summe aus 17 und 29.
8. Ich denke mir eine Zahl. Wenn ich diese Zahl vervierfache und dann 18 addiere, erhalte ich 34. Wie heißt die gedachte Zahl?
9. Bestimme x.

   a) 56 − x = 47   b) 15 • x = 75   c) 2 • x + 7 = 15
10. 15 Hasen und 9 Hühner haben zusammen wie viele Beine?
11. A) Runde auf Hunderter   4673
    B) Runde auf Tausender   46753
12. Eine Zahl ist mit Plättchen in der Stellentafel dargestellt. Wie heißt die Zahl?

ZT	T	H	Z	E
•••••	•	•••	••••• ••••	••••

13. Zeichne alle Symmetrieachsen ein.
14. Woran erkennst du, dass eine Zahl gerade ist?
15. Rechne schriftlich!

    a) 4636 + 3462 =   b) 84732 − 35623 =
    c) 3562 • 7 =   d) 255304 : 7 =

Zusatz:

4. Welches Ergebnis erhältst du, wenn du die Zahl 3 verdoppelst, die erhaltene Zahl wiederum verdoppelst, die Zahl 2 hinzuzählst und die dabei erhaltene Zahl nochmals verdoppelst?

   (A) 16   (B) 18   (C) 24   (D) 26   (E) 28

Tägliche Übung Nr. 10

1. 4 • 5 + 12 =
2. (72 – 59) • 6 =
3. 100 – 6 • 7 =
4. 4 • x = 48

5. Wie viele Minuten vergehen von 13: 43 Uhr bis 15: 28 Uhr

6. Wandle jeweils in die nächstkleinere Einheit um.
   a) $\frac{1}{2}$ m b) 0,25 kg c) 4h

7. Ein Würfel mit dem abgebildeten Netz wird einmal geworfen. Es interessiert die oben liegende Farbe. Gib die Chance für die Farbe rot (r) an.

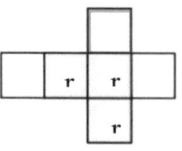

8. Bestimme den Quotienten aus 35 und 7!

9. Ich suche eine Zahl. Wenn ich diese Zahl verdopple und mit 9 subtrahiere, erhalte ich 17. Welche Zahl suche ich?

10. Wie groß muss x sein, damit die (Un-) Gleichung stimmt?
    a) x – 17 = 74   b) 3 • x + 15 = 30   c) 5 • x > 200

12. Was ist eine Primzahl? Nenne die ersten 4 Primzahlen!

13. Berechne!

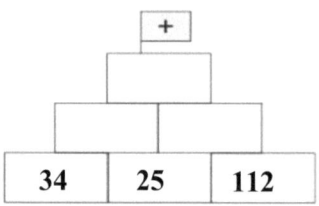 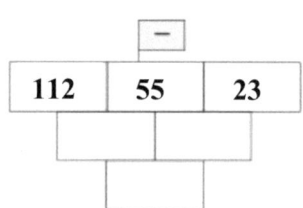

14. Beschrifte den folgenden Bruch mit den Fachwörtern: Nenner, Zähler, Bruchstrich,

15. Rechne schriftlich:
    a) 35663 – 32523 =   b) 235264 : 4 =
    c) 47344 • 3 =   d) 492784 + 27837 =

BEI GRIN MACHT SICH IHR WISSEN BEZAHLT

- Wir veröffentlichen Ihre Hausarbeit, Bachelor- und Masterarbeit

- Ihr eigenes eBook und Buch - weltweit in allen wichtigen Shops

- Verdienen Sie an jedem Verkauf

Jetzt bei www.GRIN.com hochladen und kostenlos publizieren